BEI GRIN MACHT SICH IHR WISSEN BEZAHLT

- Wir veröffentlichen Ihre Hausarbeit, Bachelor- und Masterarbeit

- Ihr eigenes eBook und Buch - weltweit in allen wichtigen Shops

- Verdienen Sie an jedem Verkauf

Jetzt bei www.GRIN.com hochladen und kostenlos publizieren

Bibliografische Information der Deutschen Nationalbibliothek:

Die Deutsche Bibliothek verzeichnet diese Publikation in der Deutschen National-
bibliografie; detaillierte bibliografische Daten sind im Internet über http://dnb.d-
nb.de/ abrufbar.

Impressum:

Copyright © 2011 GRIN Verlag, Open Publishing GmbH
Druck und Bindung: Books on Demand GmbH, Norderstedt Germany
ISBN: 978-3-668-02216-4

Dieses Buch bei GRIN:

http://www.grin.com/de/e-book/295097/das-leitfadeninterview-erstellung-einsatz-
und-auswertung

Ann-Kathrin Seeboth

Das Leitfadeninterview. Erstellung, Einsatz und Auswertung

GRIN Verlag

Universität zu Köln

Geographisches Institut

<u>Referatsausarbeitung im Rahmen des anthropogeographischen
Praktikums „Mein Köln – Identitätsstiftende Orte"</u>

<u>Das Leitfadeninterview</u>

Seeboth, Ann-Kathrin

Inhaltsverzeichnis

1. Einleitung

Vor allem in den Sozialwissenschaften reichen quantitative Erhebungsinstrumente heutzutage oft nicht mehr aus, um die gewünschten Hintergrundinformationen und Zusammenhänge in einem Forschungsfeld aufzuzeigen und daraus Ergebnisse und Konsequenzen abzuleiten. Daher hat in letzter Zeit vor allem die qualitative Datenerhebung an Bedeutung gewonnen. Ein Instrument der qualitativen Forschung ist das Leitfadeninterview. Diese Ausarbeitung gibt eine Definition dieser Interviewform, zeigt dessen Erstellung und Einsatz bis hin zu Auswertungsmethoden.

2. Einführender Überblick

2.1 Definition des Leitfadeninterviews

Das Leitfadeninterview ist eine Form des nichtstandardisierten Experteninterviews und dient empirischen sozialwissenschaftlichen Untersuchungen zur Rekonstruktion von Sachverhalten.

Experteninterviews kommen immer dann zum Einsatz, wenn eine spezielle Thematik untersucht werden soll und dazu Spezialwissen von Personen notwendig ist. Mit dem Ausdruck ‚Experte' assoziiert man üblicherweise Personen mit speziellem Wissen, wie beispielsweise Wissenschaftler oder Politiker, also sogenannte „Angehörige einer Funktionselite" (Gläser, J., Laudel, G. (2004): Experteninterviews und qualitative Inhaltsanalyse als Instrumente rekonstruierender Untersuchungen. – Wiesbaden[1]: 9), die über individuelle Informationen verfügen. Aber auch Menschen, die nicht Mitglieder einer solchen Elite sind, können Experten sein, da sie aufgrund eines Hobbys, als Betroffener einer Krankheit oder Inhaber eines bestimmten Berufes Spezialwissen besitzen. „In diesem Sinne werden die Begriffe ‚Experte' und ‚Experteninterview' hier verwendet: Experten sind Menschen, die ein besonderes Wissen über … Sachverhalte besitzen, und Experteninterviews sind eine Methode, dieses Wissen zu erschließen" (ebd.: 10).

Nichtstandardisiert bedeutet, dass der Fragewortlaut und die Fragenreihenfolge nicht vorgegeben ist, sondern nur das Thema oder die Themen und somit wenig strukturiert ist.

W. Marotzki hat dazu in einem Sammelband für „Hauptbegriffe Qualitativer Sozialforschung" eine gut verständliche, kurze aber umfassende Definition zum Leitfadeninterview verfasst:

„Interviews, die leitfadengesteuert, angelegt sind, bewirken eine mittlere Strukturierungsqualität sowohl auf Seiten des Interviewten wie auch auf Seiten des Interviewers. Ein Leitfaden besteht aus Fragen, die einerseits sicherstellen, dass bestimmte Themenbereiche angesprochen werden, die andererseits aber so offen formuliert sind, dass narrative Potenziale des Informanten dadurch genutzt werden können. Aus diesem Grunde sollte der Interview-Leitfaden nicht zu umfangreich sein. Der Vorteil eines Leitfadens gegenüber einem offenen narrativen Interview besteht also darin, sicher zu stellen, dass die interessierenden Aspekte auch angesprochen werden und insofern eine Vergleichbarkeit mit anderen Interviews, denen der gleiche Leitfaden zugrunde lag, möglich ist. Die Entwicklung eines Leitfadens setzt gute Kenntnisse des Objektbereiches voraus, denn die Leitfragen beziehen sich in der Regel auf vorher als relevant ermittelte Themenkomplexe. Er wird in der Regel flexibel und nicht im Sinne eines standardisierten Ablaufschemas gehandhabt, um unerwartete Themendimensionierungen durch den Interviewten nicht zu unterbinden. Der leitfaden hat also insgesamt eher die Funktion einer Gedächtnisstütze und eines Orientierungsrahmens in der allgemeinen Sondierung“ (Marotzki, W. (2003): Leitfadeninterview. – In: Bohnsack, R., Marotzki, W., Meuser, M. (Hrsg.): Hauptbegriffe Qualitaitver Sozialforschung. Opladen: 114).

2.2 Merkmale des Leitfadeninterviews

Prägnantestes Merkmal des Leitfadeninterviews ist die Ähnlichkeit mit einem natürlichen Alltagsgespräch, wenn Fragen unter Freunden oder Bekannten ausgetauscht werden. Ein nicht standardisiertes Interview, wie es das leitfadeninterview ist, sollte sich in dieser Hinsicht nicht wesentlich davon unterscheiden. Allerdings handelt es sich bei einem Interview doch um einen vom Alltagsgespräch verschiedenen Kommunikationsprozess, da er einigen Merkmalen und Regeln unterworfen ist. Erstens darf der Befragte seine Antwort verweigern, ohne mit negativen Konsequenzen rechnen zu müssen (wie z.B. bei einer (freundschaftlichen/ familiären) Beziehung o.Ä.). Zweitens herrscht eine feste Rollenverteilung zwischen dem Interviewer und dem Interviewten, was auch von beiden Seiten akzeptiert wird. Drittens führt der Fragende den Dialog, welcher auf ein spezielles Informationsziel ausgerichtet ist. Dies sind „kulturell festgelegte kommunikationsregeln und Konventionen“ (Gläser, J., Laudel, G. (2004): Experteninterviews und qualitative Inhaltsanalyse als Instrumente rekonstruierender Untersuchungen. – Wiesbaden[1]: 108), die einzuhalten sind.

2.3 Ziel des Leitfadeninterviews

Das Führen eines Leitfadeninterviews ist auf das zentrale Ziel ausgerichtet, die Informationslücke des Fragenden mithilfe des Wissens des antwortenden Experten zu schließen. Dafür werden die Leitfragen, welche für das bestimmte Thema, Interview und Interviewpartner erstellt und angepasst wurden, in einem annähernd natürlichen Gesprächsverlauf abgearbeitet , um so durch das Durchleuchten des Untersuchungsfeldes das gewünschte Erkenntnisinteresse zu erlangen.

3. Konstruktion und Durchführung eines Leitfadeninterviews

3.1 Die Kunst des Fragens

Simpel betrachtet ist der Interviewleitfaden nur ein Blatt Papier gefüllt mit Fragen, die im Gesprächsverlauf gestellt und beantwortet werden sollen, ein Gerüst als Hilfsmittel zur Durchführung. Zur Erstellung ist jedoch wichtig, dass der Interviewführer sich seines Erkenntnisinteresses bewusst ist, was voraussetzt, dass er einige Vorüberlegungen zur Konstruktion seines Leitfadens angestellt hat. Je nach Art und Weise der Frage kann der Interviewpartner durch sie in seiner Antwort beeinflusst werden, was möglicherweise zu einer Verzerrung oder Verfälschung des Ergebnisses führen kann. Daher ist es wichtig, sich über die verschiedenen Typisierungen von Fragen im Klaren zu sein. An dieser Stelle folgt ein Überblick über die vier wichtigsten Arten an Fragen, die eine gute Orientierung über den jeweiligen Einsatzzweck geben:

- „Typisierung nach dem Inhalt der Frage"
- „Typisierung nach dem Gegenstand der Frage"
- „Typisierung nach der angestrebten Form der Antwort"
- „Typisierung nach der Steuerungsfunktion" (ebd.: 118ff.)

Bei der Typisierung nach dem Inhalt der Frage werden zwei Fragen unterschieden: Faktfragen und Meinungsfragen. „Faktfragen richten sich auf prinzipiell nachprüfbare Tatsachen … . Meinungsfragen sollen Einstellungen des Interviewten, seine Bewertung von Personen, Situationen, Prozessen usw. ermitteln, in dem sie eine subjektive Stellungnahme verlangen" (ebd.: 118).

Ist der Gegenstand zentraler Punkt der Frage, muss zwischen realitätsbezogener oder hypothetischer Frage unterschieden werden. „Hypothetische Fragen beziehen sich auf einen angenommen Sachverhalt und verlangen eine Meinung oder Prognose vom

Interviewpartner" (ebd.: 119f.), die Antwort ist also subjektiv und spekulativ und somit das Gegenteil der realitätsbezogenen Frage.

Bei der Typisierung nach der angestrebten Form der Antwort wird ebenfalls wiederum in zwei Fragen unterschieden: Erzählanregungen und Detailfragen. „Erzählanregungen sollen längere Beschreibungen oder Erklärungen auslösen, während Detailfragen zu kurzen Antworten führen sollen" (ebd.: 121).

Fragen mit Steuerungsfunktionen sollen den Verlauf des Gespräches beeinflussen und werden, je nachdem zu welchem Zeitpunkt im Interviewverlauf sie eingesetzt werden, in vier Kategorien unterteilt: Einleitungsfragen, Filterfragen, Hauptfragen und Nachfragen.

„Einleitungsfragen beginnen die Behandlung eines neuen Themas. Ein Spezialfall ist hier die erste Frage des Interviewleitfadens, die das gesamte Gespräch einleitet" (ebd.: 123), sie können aber auch als Überleitungs- oder Wiederaufnamefragen gestellt werden. „Filterfragen beschaffen Informationen, anhand derer der Interviewer entscheidet, welche Teile des Leitfadens für das Interview relevant sind" (ebd.: 124). Stellt sich durch eine Filterfrage heraus, dass der Interviewpartner in einem bestimmten Themenbereich gar nicht über weitere und tiefere Informationen verfügt, war sie eine gute Methode um die Interviewzeit nicht zu vergeuden, sondern effektiv auszuschöpfen.

„Hauptfragen bilden das Gerüst des Leitfadens. Sie sind darauf gerichtet, vom Interviewpartner komplexe, umfassende Antworten zu den benannten Sachverhalten zu erhalten" (ebd.)

Nachfragen dienen zur Vervollständigung, Erweiterung oder Ergänzung von bereits gegebenen Antworten, wenn weitere Details und Informationen gewünscht oder erforderlich sind.

Nicht nur Kenntnisse über die Typisierungen von Fragen zu haben sind bei der Erstellung eines Leitfadens wichtig, sondern auch Eigenschaften von Fragen können unter Umständen ein Problem oder auch eine Erleichterung bei der Interviewführung herstellen. Daher ist es wichtig sich ist ihnen ebenso auseinander zu setzen. Die möglicherweise problematischen bzw. das Interview erleichternde Eigenschaften sind die Offenheit, die Neutralität, die Klarheit und die Einfachheit von Fragen.

„Eine der großen Herausforderungen nichtstandardisierter Interviews ist die Offenheit des Fragens" (ebd.: 127). Offene Fragen reichen von Ja/Nein-Fragen (Grad der wenigsten Offenheit) bis zu völlig offenen Fragen (Grad der maximalen Offenheit) und dienen dazu, dem Interviewpartner den Inhalt seiner Antwort selbst zu überlassen. Beeinflusst wird der Antwortende durch den jeweiligen Grad der Offenheit und damit hängt der

Inforationsgehalt von der Formulierung der Frage durch den Interviewführer ab. Allerdings werden manche Interviewpartner durch eine zu große Offenheit verunsichert und mit der Unsicherheit kann auch ein Informationsverlust einhergehen. Außerdem steht „die Forderung nach Offenheit … in einem gewissen Widerspruch zu der Aufgabe des Leitfadeninterviews, in begrenzter Zeit spezifische Informationen zu mehreren verschiedenen Themen zu beschaffen" (ebd.)

Eine weitere Regel derer man sich bewusst sein sollte, ist die der Neutralität von Fragen. „Fragen dürfen nicht so formuliert werden, dass sie dem Befragten eine bestimmte Antwort nahe legen" (ebd.: 131). Daher wird in der Methodologie vor allem der Typ der Suggestivfrage sehr kritisch betrachtet und vornehmlich abgelehnt, denn dieser Fragetyp unterstellt (nicht unbedingt explizit) eine bereits erwartete Antwort des Interviewpartners durch den Fragenden. Desweiteren besteht die Gefahr, dass der Interviewpartner der Suggestion in der Frage folgt und eine der Unterstellung entsprechende Antwort gibt. Dadurch werden zwar die eigenen Erwartungen des Fragenden an seine Forschung erfüllt, doch möglicherweise war die gegebene Antwort gar nicht die subjektive Meinung oder Einstellung des Interviewpartners und somit das Interviewergebnis der Forschungsfrage angepasst, jedoch nicht gelungen, da eigentlich verfälscht. Eine Unterart der Suggestivfrage ist die heikle Frage „ Das zentrale Problem im Umgang mit der heiklen Frage ist das sozial erwünschte Antworten. Der Interviewpartner gibt nicht die Antwort, die er für zutreffend hält, sondern die, von der er annimmt, dass sie mit den Erwartungen des Interviewers oder mit den allgemeinen gesellschaftlichen Erwartungen übereinstimmt" (ebd.: 134). Daher ist es Aufgabe des Interviewers die Fragen durch spezielle Formulierung zu neutralisieren. Dies kann dadurch erreicht werden, dass der Interviewer klarmacht, dass in der Gesellschaft durchaus verschiedene Meinungen und Auffassungen zu diesem Thema existieren und ohne Weiteres öffentlich geäußert werden können. Oder dadurch, dass der Interviewer erkennen lässt, dass „man in anderen Interviews auch die sozial unerwünschten oder problematischen Antworten schon bekommen hat" (ebd.: 135), ihn somit nicht allein dastehen lässt.

Gleichsam bedeutend wie die Neutralität ist natürlich auch die Klarheit und Unmissverständlichkeit von Fragen: „Einer der wichtigsten Grundsätze ist, daß eine Frage so einfach formuliert sein soll, wie noch eben mit dem sachlichen Zweck der Fragestellung vereinbar ist. Dies impliziert, daß Fragen möglichst kurz sein sollen, grammatikalisch schwierige Konstruktionen zu vermeiden sind (wie doppelte Verneinungen), man sich der Alltagssprache möglichst anzunähern habe und sehr vorsichtig bei Unterstellungen über den Wissensstand der Befragten sein müsse" (ebd.: 136).

Genauso wichtig für ein gelungenes Interview ist das stellen von ‚Einfachen Fragen'. Diese Anforderung zu erfüllen besteht nicht darin, die Formulierung simpel zu halten, sondern sie besteht in der Singularität, d.h. also je Frage nur einen Gegenstand zu behandeln. Oft jedoch werden multiple Fragen gestellt, was jedoch zu Unsicherheit beim Interviewten führen kann und den Fragenden leichter die Kontrolle über die Interviewrichtung verlieren lassen kann, da „die Antworten - je nach gewählter Frage – in alle möglichen Richtungen gehen können" (ebd.: 138).

3.2 Erstellen eines Leitfadens

Ist man sich seiner Forschungsfrage im Hinblick auf das Erkenntnisinteresse, sowie seiner empirischen Methoden sicher, kann nun die konkrete Erstellung des Leitfadens in Angriff genommen werden. Beginnen sollte der Leitfaden mit einer Einführung, in der der Interviewte über das Forschungsfeld in Kenntnis gesetzt wird, über seine Rolle als Interviewpartner in der Untersuchung sowie über seinen Datenschutz und seine Anonymität und die Einwilligung eingeholt werden, das Interview aufzuzeichnen. Erst dann sollte die erste Forschungsfrage folgen.

Die Anzahl der Leitfragen sollte sich nach dem erwünschten Erhebungsumfang und der zur Verfügung stehenden Interviewzeit richten. Sind diese Vorgaben geklärt, können Formulierung und Anordnung der Fragen danach ausgerichtet werden. „Je nach Offenheit und Komplexität des Gegenstandes können Sie damit rechnen, in einer Stunde 8 bis 15 Fragen behandeln zu können" (ebd.: 140). Wichtig für den Leitfaden ist vor allem Übersichtlichkeit und Kürze (nicht mehr als zwei Seiten), damit gewährleistet ist, dass man sich während des Interviews schnell zurechtfinden kann. Die einzelnen Fragen im Interviewleitfaden sollten ausformuliert sein. So ist sichergestellt, dass alle Interviewpartner die ungefähr gleich formulierte Frage gestellt bekommen, die Formulierung der Frage vorher genau bedacht wurde und der Interviewer auch in schwierigen Situationen Sicherheit hat.

Aus Sicht der Forschungsethik ist ein Punkt besonders wichtig bei der Erstellung eines Leitfadens: die Zulässigkeit von Fragen. „Da der wichtigste ethische Grundsatz lautet, dass den Teilnehmern an einer Untersuchung daraus kein Schaden entstehen darf, müssen wir alle Fragen daraufhin prüfen, ob sie einen solchen Schaden verursachen können" (ebd.: 141). Ein solcher Schaden könnte beispielsweise durch das Ansprechen von traumatischen, verdrängten Ereignissen zu Stande kommen, wenn dadurch in der Folge psychische Schäden auftreten oder Ängste ausgelöst werden.

Für ein erfolgreiches Interview muss ebenso die Reihenfolge der Fragen beachtet werden, da durch sie ein bestimmter Kontext während des Gesprächs aufgebaut wird, der die Antworten des Interviewpartners möglicherweise beeinflusst. „Fragen Sie z.B. einen Interviewpartner ausführlich nach allen politischen Skandalen, an die er sich erinnert, so wird er anschließend wahrscheinlich eine andere Bewertung politischer Parteien abgeben, als er das ohne diese Fragen getan hätte" (ebd.: 142).

Natürlich sollten die Fragen auch so angeordnet sein, dass inhaltlich zueinander gehörige Themen aufeinander folgen oder aufbauen. So soll der Interviewpartner durch die längere Auseinandersetzung mit dem gleichen Thema mehr Erinnerungsimpulse erhalten und ausführlichere Informationen geben. Ebenso sollten scharfe Themenwechsel vermieden werden, so dass eine Annäherung an einen natürlichen Gesprächsverlauf geschaffen wird.

Weitere Besonderheiten, die bei der Erstellung berücksichtigt werden sollten, betreffen die erste und letzte Frage des Leitfadens sowie heikle und provozierende Fragen. „Als erste Frage sollte immer eine ‚Anwärmfrage' gestellt werden, das heißt eine Frage, die für den Interviewpartner leicht zu beantworten ist und einen ihm angenehmen Gegenstand betrifft. Dadurch können eventuelle Spannungen gelöst werden" (ebd.: 143). Dies kann unter Umständen sogar eine Frage sein, die für die weitere Untersuchung wenig relevant ist. „Generell ist es ratsam, zu Beginn des Interviews (als Anwärmfrage oder unmittelbar danach) eine Frage zu stellen, die Ihr wissen und Ihre Aufnahmefähigkeit signalisiert" (ebd.: 144). So wird dem Interviewpartner klar, über wie viel Vorwissen der Fragende verfügt und welchen Schwierigkeitsgrad und wie viele Details seine Antworten enthalten dürfen. Auch die letzte Frage des Interviews sollte für den Antwortenden angenehm sein, sodass kein negativer Eindruck das Interview beendet. „Eine in vielen Fällen geeignete Abschlussfrage ist die, ob der Interviewpartner aus seiner Sicht noch ihm wichtige Aspekte des Themas nennen möchte, die seinem Gefühl nach im Interview zu wenig berücksichtigt wurden" (ebd.)

Fragen mit heiklem oder provozierendem Inhalt sollen aufgrund ihrer möglicherweise vertrauensstörenden Eigenschaften besser gegen Ende des Interviews gestellt werden, da sich die Interviewsituation dadurch verschlechtern könnte oder der Antwortende sogar das Interview abbrechen könnte.

„Der nach diesen Regeln entwickelte Interviewleitfaden bildet die Grundlage für die Interviews" (ebd.: 145). Der fertige Leitfaden sollte jedoch noch einmal auf seine Plausibilität hin überprüft und gegebenenfalls angepasst und korrigiert werden, wenn sich bestimmte Passagen in Hinsicht auf Reihenfolge oder Formulierung als verbesserungswürdig herausstellen oder in der praktischen Durchführung Mängel erkennbar werden. Somit unterliegt der Leitfaden gegebenenfalls bis zum letzten Interview Veränderungen hinsichtlich der Strukturierung (weniger dem Inhalt).

3.3 Auswahl von geeigneten Interviewpartnern einer bestimmten Zielgruppe

„Die Auswahl von Interviewpartnern entscheidet über die Qualität der Informationen, die man erhält" (ebd.: 113), daher ist dies ein wichtiger Punkt in der Vorbereitung. Um eine Auswahl zu treffen, sollte man sich überlegen, wer überhaupt über die relevanten Informationen verfügt, wer fähig und bereit ist diese präzisen Informationen zu geben und wer von ihnen verfügbar ist (vgl. ebd.: 113). „Alle notwendigen Informationen zu beschaffen bedeutet meist, mehrere Akteure zu befragen" (ebd.: 113), sodass ein einziges Interview nie ausreicht, da auch bei vollständiger Information durch einen Gesprächspartner immer ein oder mehrere weitere Interviews geführt werden, die „Zahl der Interviewpartner sollte also nicht auf das notwendige Minimum beschränkt werden" (ebd.). Auch aufgrund von möglichen Informationsverlusten ist es sehr ratsam „Informationen über einen Sachverhalt von mehreren Interviewpartnern einzuholen, also zu triangulieren" (ebd.). Ebenso wird dazu geraten als Interviewpartner nicht unbedingt Freunde oder Verwandte zu akquirieren. So besteht die Gefahr, dass die Fälle gar nicht die am besten geeigneten sind oder aber auch das Interview selbst schwierig wird, da die bereits bestehende Beziehung zwischen Interviewer und Interviewpartner Einfluss auf das Gespräch hat. Informationen könnten z.B. vorausgesetzt werden oder es könnte nicht nachgehakt werden und somit im Endeffekt sogar Informationen fehlen oder bestimmte Fragen nicht oder anders gestellt werden, um die Beziehung abseits der Interviewer und Interviewpartner ratsam.

Die Zahl der Interviewpartner ist auch abhängig von der zur Verfügung stehenden Zeit zur Auswertung der einzelnen Interviews. Daher werden zunächst diejenigen bevorzugt, die vermeintlich die notwendigen Informationen geben können, bevor bei ausreichender Zeit weitere Personen zur Verbesserung und Absicherung der Untersuchung herangezogen werden.

„Außerdem bestimmt ... [die Auswahl von Interviewpartnern] die weitere Vorbereitung. Häufig muss man nämlich in einer Untersuchung mit mehreren unterschiedlichen Interviewleitfäden arbeiten. Wenn sich Gruppen von Experten anhand ihrer Beteiligung an dem zu rekonstruierenden Prozess unterscheiden lassen, dann ist es sinnvoll, für jede dieser Gruppen einen eigenen Interviewleitfaden zu entwickeln" (ebd.: 113).

3.4 Direktgespräch versus Schriftlicher Fragebogen

Leitfäden werden üblicherweise für Direktgespräche, also ‚face-to-face-Interviews‘, konzipiert. Allerdings können sie in ausformulierter Form auch als schriftlicher Fragebogen dienen. Denn neben den Direktgesprächen gibt es noch weitere Interviewformen: das Telefoninterview und das email-Interview.

Diese beiden Varianten haben zwar durchaus Vorteile, allerdings auch (erhebliche) Nachteile und sollten daher einem möglichen Direktgespräch nicht vorgezogen werden. Die Vorteile der Telefon- und email-Interviews liegen vorrangig in „ihrer Zeit- und Kostenersparnis (Gläser, J. (2009): Experteninterviews und qualitative Inhaltsanalyse als Instrumente rekonstruierender Untersuchungen. – Wiesbaden[3]: 153.). So muss man nicht zu einer bestimmten Zeit an einem bestimmten Ort erscheinen und spart dadurch mögliche Reisezeit und –kosten. Diese Flexibilität ist angenehmer und steigert unter Umständen auch die Bereitschaft eines potentiellen Interviewpartners das Gespräch wirklich durchzuführen.

Allerdings weisen beide Varianten auch gravierende Nachteile in Hinsicht auf Informationsverlust auf „In manchen face-to-face-Interviews wird Ihr Gesprächspartner Ihnen Dokumente übergeben, die wertvolle zusätzliche Informationsquellen sind. Finden Interviews am Arbeitsplatz statt, liefert der Besuch des Arbeitsplatzes meist wertvolle Hintergrundinformationen“ (Gläser, J., Laudel, G. (2004): Experteninterviews und qualitative Inhaltsanalyse als Instrumente rekonstruierender Untersuchungen. – Wiesbaden[1]: 153). Desweiteren entgehen bei einem Telefoninterview die Signale der Körpersprache, man ist „ausschließlich auf die akustischen Informationen angewiesen“ (ebd.). Außerdem lässt sich am Telefon möglicherweise auch keine derart „vertrauensvolle Gesprächsatmosphäre, die für die Ergiebigkeit des Interviews so wichtig ist“ (ebd.) herstellen. Beim email-Interview fehlt sogar die akustische Information, so dass nonverbale Information vollständig fehlen und dadurch, dass die Interviewpartner ihre Antworten aufschreiben müssen, fassen sie sich womöglich kürzer als sie es im Direktgespräch täten und erzählen daher weniger.

Daher werden face-to-face-Interviews als die bessere Interviewform empfohlen. „Sie bieten enorme methodische Vorteile in der Kontrolle des Gesprächsverlaufs und im Reichtum der erhaltenen Informationen. Billiger heißt im Falle von Interviews leider auch schlechter“ (ebd.: 154).

Bei manchen Forschungsgesprächen stellt sich möglicherweise die Frage nach mehreren Interviewern. Auch dies ist jedoch eine umstrittene Frage. Ein zweiter Interviewer kann helfen das „unvollkommene … Erhebungsinstrument“ (ebd.: 149)

Mensch zu vervollständigen (der Interviewpartner kann sich den ihm angenehmeren Interviewer aussuchen; der Zweite kann den Hauptinterviewer bei der technischen Durchführung unterstützen; „vier Ohren hören mehr als zwei" / „vier Augen sehen mehr als zwei" (ebd.) → Vertiefung von Themen, zusätzliche Informationen/ Qualitätserhöhung bei der Auswertung durch unterschiedlich erlebte Perspektiven). Allerdings kann ein dritter Anwesender aber auch die Intimität eines Dialogs stören (weniger vertrauliche Informationen, umstrittene heikle Fragen etc.), auch wenn er nur als „stummer Beobachter" (ebd.: 150) und nicht als „aktiver Gesprächsteilnehmer" (ebd.) teilnimmt. So laufen die Interviewer Gefahr durch Handeln ihrerseits einen Inforationsverlust zu verursachen. Daher sollte die Entscheidung bezüglich einem oder mehrerer Interviewer vorher gründlich überlegt und diskutiert werden.

3.5 Möglichkeiten der Gesprächsaufzeichnung

Eine weitere Entscheidung, die vor der praktischen Durchführung des Interviewers getroffen werden muss ist die, „ob das Gespräch auf Tonband aufgezeichnet und anschließend transkribiert wird, oder ob sich der Interviewer handschriftliche Notizen macht und anschließend anhand der Notizen ein Gesprächsprotokoll anfertigt" (ebd.: 151).

Von einer Tonbandaufzeichnung kann nur dann abgesehen werden, wenn nur die Fakten von Bedeutung sind, nicht aber der Umstand wie der Interviewpartner etwas ausgedrückt hat, welche Formulierung er nutzte oder in welcher Tonlage er von einem Sachverhalt sprach etc. Ist dies der Fall, reicht ein Gedächtnisprotokoll wohl aus. Gegen eine Tonbandaufzeichnung könnte man auch das Argument anführen, dass dies nicht einer natürlichen Gesprächssituation nahe kommt, was doch ein wesentliches Merkmal des Leitfadeninterviews darstellt. Dies spräche für die im vorigen Kapitel angesprochene Alternative des Unterstützers in Form eines dritten Anwesenden.

Doch eine Tonbandaufzeichnung bringt eine Vielzahl von Vorteilen mit sich. Der Informationsverlust ist wesentlich geringer, die Gefahr von „Auslassungen, Umdeutungen und Interpretation, retrospektive[n] Rationalisierungen usw." (ebd.: 152) nimmt ab und der Interviewer wird nicht durch „die zusätzliche Aufgabe der Protokollierung ... belastet" (ebd.), kann sich so auf seine Hauptaufgabe, das Führen des Gesprächs, konzentrieren. Das Nutzen eines kleinen unauffälligen Tonbandgerätes unterstützt dabei auch die Tatsache, dass das Interview aufgezeichnet wird zu vergessen und fördert eine natürliche Gesprächssituation.

3.6 Die praktische Durchführung eines Interviews

„Das zentrale Problem des Interviews liegt in der Differenz zwischen den Kontexten der beiden Gesprächsteilnehmer" (ebd.: 108). Der Kontext des Forschers ist das wissenschaftliche Umfeld, der persönliche Kontext des Interviewpartners kann ein völlig anderer sein. Daher ist es die Aufgabe des Interviewführers sein Anliegen so zu formulieren und so an das Umfeld des Gesprächspartners anzupassen, d.h. in seinen „kulturellen Kontext ... [zu] übersetzen" (ebd.), dass der Interviewte die Sprache versteht. Dieser sogenannte Prozess der Operationalisierung muss schon bei der Formulierung der Leitfragen beginnen und in der Interviewsituation „spontan bewältigt werden" (ebd.). Die Anforderungen der permanenten spontanen Operationalisierung und der gesteuerten Spontaneität (vgl. ebd.: 108f.) sind in einem Aufsatz von Christel Hopf (1978) sehr verständlich beschrieben worden:

„Aus der Sicht des Interviewers kann der Prozeß des qualitativen Interviews als ein Prozeß permanenter spontaner Operationalisierung beschrieben werden. In dem durch standardisierte Verfahren nicht geregelten Kommunikationsprozeß, in dem die Erfassung nicht antizipierter Reaktionen einen hohen Stellenwert hat, muß die Vermittlung von Abstraktem und Konkretem sozusagen improvisierend geleistet werden. Es müssen situationsgebundene allgemeinere Forschungsfragen in konkret bezogene Interviewfragen umgesetzt werden und umgekehrt müssen die von den Interviewten eingebrachten Informationen laufend unter dem Gesichtspunkt ihrer möglichen theoretischen Bedeutung beurteilt werden – bewertet insofern, als der Interviewer unter dem dauernden druck steht zu entscheiden, ob, an welcher Stelle und in welcher Form er Anknüpfungspunkte für ein Weiterfragen aufgreift" (ebd.: 108).

„Das qualitative Interview ist durch ein ganz bestimmtes, im Prinzip nicht aufhebbares Dilemma gekennzeichnet: Es soll, ohne daß die Rollentrennung zwischen Frager und Befragten aufgegeben wird, einer ‚natürlichen' Gesprächssituation möglichst nahe kommen. Die Interview-Situation soll ein spontanes Kommunikationsverhalten des Befragten begünstigen ... und sie soll dies zugleich auch nicht. Denn in dem Maße, in dem gezieltere Informationsinteressen des Forschers vorhanden sind, wird die Spontaneität durch das Informationsinteresse des Forschers gesteuert" (ebd.: 108f.).

Die weiteren allgemeinen Regeln der Interviewführung wurden ja bereits in Kapitel 2.2 erläutert.

Auch bei dem Interviewpartner muss man sich im konkreten Gespräch anpassen, da es natürlich verschiedene Charaktere und Typen von Interviewpartnern gibt. Hier einige Beispiele von Charakteren: der Misstrauische, der beispielsweise die

Tonbandaufzeichnung ablehnt und sehr auf de Sicherheit seiner Daten bedacht ist; der Kritiker, der z.B. die Formulierungen in Frage stellt und den Interviewverlauf stört; der Schweiger, der nur sehr kurze Antworten auf alle Fragen gibt; der Plauderer, der sehr ausschweifend erzählt und kaum zum Ende kommt; der Rückversicherer und Neugierige, der selbst häufig Fragen stellt; Beichtkinder, die das Gespräch nutzen, um sich Dinge von der Seele zu reden; Eliten, die aufgrund ihrer Position spezielle Eigenarten entwickelt haben (vgl. ebd.: 173ff.). Neben diesen charakterlichen Besonderheiten können auch Frageformulierungen spezielle Reaktionen bei den Interviewpartnern auslösen, die mit dieser Frage gar nicht beabsichtigt war und denen man sich spontan anpassen muss. Dies kann dann sein, wenn der Gesprächspartner die Frage inhaltlich nicht versteht, wenn die Frage missverstanden wird, wenn Erinnerungsschwierigkeiten auftreten, wenn beim Interviewpartner misstrauen geweckt wird oder er die Antwort verweigert. (vgl. ebd.: 179ff.). Desweiteren können natürlich auch dem Interviewer Fehler unterlaufen, die sich möglicherweise negativ auf das Interview auswirken. „In Interviews mit Angehörigen von Eliten oder anderen Personen, die versuchen, das Interview zu dominieren, kann es erstens passieren, dass Interviewer spontan Segmente ihrer Wissenschafts-Rolle in die Interviewsituation einbringen. Diese Segmente können das Interview beeinträchtigen, wenn es sich um Leistungsangst, Kompetenzanspruch und die Neigung zu abstrahierendem und kategorisierendem Sprachgebrauch handelt … . Umgekehrt kann es auch geschehen, dass Interviewer ihre Rolle schlicht vergessen und sich in ein zwangloses Gespräch verwickeln lassen, in dem sie immer größere Anteile übernehmen. Eine dritte mögliche Fehlerquelle, die schlechthin unvermeidbar ist, ist Unaufmerksamkeit, das heißt das Aussetzen oder allmähliche Nachlassen der Konzentration (ebd.: 182).

Hier wird noch einmal die Wichtigkeit des Leitfadens unterstrichen: er hilft „den Widerspruch von ‚beschränkter Interviewzeit‘ und ‚beinahe schrankenlosem Informationsinteresse‘ in den Griff zu bekommen" (ebd.) und „typische[...] Verhaltensprobleme[...] im Interview, die aus der Differenz zwischen Interviewverhalten und Alltagskommunikation entstehen" (ebd.), zu bewältigen.

Der Leitfaden darf aber auch nicht Opfer der „Leitfragenbürokratie" (ebd.) werden, also „absolute Priorität" (ebd.) erhalten und „den Gesprächsverlauf ignorier[en]" (ebd.), oder, als anderer Extremfall „von einem Mittel der Informationsgewinnung zu einem Mittel der Blockierung von Informationen" (ebd.: 182f.) werden, das eigene Verhalten darf also nicht den Vorgaben des Leitfadens untergeordnet werden (vgl. ebd.: 183).

4. Die Auswertung eines Leitfadeninterviews

Hat man das Interview mit einem abschließenden Gespräch beendet, folgt das Auswerten des jeweiligen Interviews. Dazu sollte zuerst ein Interviewbericht angefertigt werden, in dem die Rahmenbedingungen und Bemerkungen zu Besonderheiten festgehalten werden. Dann folgt die vollständige Transkription, die sehr zeitaufwendig oder teuer ist, je nachdem ob man sie selbst durchführt oder an Dritte abgibt. Gibt man sie ab, ist es zusätzlich notwendig die Transkription zu kontrollieren, da die Auswertenden oft den Kontext einiger Aussagen nicht oder falsch verstehen und sich dadurch Fehler einschleichen können. Der nächste unbedingt notwendige Schritt ist die Anonymisierung und Codierung jedes Interviews, beispielsweise an Dateinamen bei am Computer durchgeführten Transkriptionen einen speziellen Code zu vergeben.

Daran anschließend folgt die qualitative Inhaltsanalyse. „Ziel der Inhaltsanalyse ist ... die Analyse von Material, das aus irgendeiner Art von Kommunikation stammt" (Mayring, P. (2008): Qualitative Inhaltsanalyse: Grundlagen und Techniken. – Weinheim und Basel[10]: 11.). Sie dienst also dazu, die im Text enthaltenen Daten zu entnehmen, „das heißt, man extrahiert Rohdaten, bereitet diese Daten auf und wertet sie aus" (Gläser, J., Laudel, G. (2004): Experteninterviews und qualitative Inhaltsanalyse als Instrumente rekonstruierender Untersuchungen. – Wiesbaden[1]: 193). Anhand eines vorher erstellten Suchrasters werden „die für die Beantwortung der Untersuchungsfrage relevant[en]" (ebd.: 194) Informationen gefiltert. Diese Extraktionsergebnisse, „eine von den Ursprungstexten verschiedene Informationsbasis" (ebd.), werden dann aufbereitet, „das heißt zusammengefasst, auf Redundanzen und Widersprüche geprüft usw." (ebd.: 195) und anschließend ausgewertet. Heutzutage wird die qualitative Inhaltsanalyse kaum noch allein per Hand durchgeführt, sondern computergestützt. Daher wurden spezielle Computerprogramme zur qualitativen Inhaltsanalyse entwickelt.

5. Fazit

Das Leitfadeninterview ist ein wichtiges und hilfreiches qualitatives Erhebungsinstrument in der wissenschaftlichen Forschung. Durch seinen nichtstandardisierten Aufbau lässt es Erzählungen und somit weiterführende Hintergrundinformationen zu, gibt dem Interviewer gleichzeitig jedoch auch ein zielgerichtetes Gerüst. Je nach Ausarbeitung stehen durch spezielle Formulierungen und Anordnungen Anpassungsmöglichkeiten an das jeweilige Untersuchungsfeld oder Forschungsobjekt zur Verfügung und auch die Interviewpartner können zum Wiedergeben der bestmöglichen Informationen gebracht werden, da der Leitfaden individuell anpassbar ist. Die Auswertung dieser Interviewart ist aufwendig, liefert jedoch, heutzutage mit leistungsstarker technischer Unterstützung, eine Vielzahl interpretierbarer und aussagekräftiger Daten.

Abschließend ist festzuhalten, dass das Leitfadeninterview eine bedeutende Stellung in der sozialwissenschaftlichen Forschung eingenommen hat und daraus nicht mehr weg zu denken ist.

Literaturverzeichnis

Gläser, J., Laudel, G. (2004): Experteninterviews und qualitative Inhaltsanalyse als Instrumente rekonstruierender Untersuchungen. – Wiesbaden[1].

Gläser, J. (2009): Experteninterviews und qualitative Inhaltsanalyse als Instrumente rekonstruierender Untersuchungen. – Wiesbaden[3].

Marotzki, W. (2003): Leitfadeninterview. – In: Bohnsack, R., Marotzki, W., Meuser, M. (Hrsg.): Hauptbegriffe Qualitaitver Sozialforschung. Opladen.

Mayring, P. (2008): Qualitative Inhaltsanalyse: Grundlagen und Techniken. – Weinheim und Basel[10].